目次

封面攝影——日置武晴

關於封面

這次的封面是便當。
伊藤正子為她女兒小春製作的早春便當，
主要的菜色是酥炸蠶豆蝦仁。
聽說這是小春最喜歡吃的菜。
小小便當盒裡，
展現了春季的多姿多采。

一年前的春天開啟的每日便當

文——高橋良枝　翻譯——葉韋利

一年前的四月，也就是日本的學校新學期剛開始時。
伊藤正子傳來一封電子郵件，
「我做了這些便當唷！」
隨信還附上幾張照片，都是看了令人食指大動的便當。
全是她幫女兒小春做的便當。
當時小春剛升上高中。
聽說伊藤正子認為，
能幫女兒做便當的時間，大概只剩三年，
於是這三年內要盡量做便當！
自此之後，
她就經常傳「小春的便當照」給我。
每次不忘問：
「會不會太單調啊？看起來都是褐色系。」
不會不會，這才是真正美味的便當。
看起來乾乾淨淨，沒有過多的花俏裝飾，
裝滿媽媽愛心的便當，就是這副模樣。
看著伊藤正子的便當照，
回想起自己幾十年前的學生時代，
每當要打開便當盒蓋時，那股滿心期待的雀躍。
令人開心的便當、有點傷感的便當，
我想，
每個人對便當多多少少都有些回憶吧？
便當，真是不錯呢！
或許，在便當盒的這個小宇宙裡，
裝的就是維繫烹調者與享用者之間的情感。

要不要在《日日》做一期伊藤正子的便當特集呢？
我大概在去年夏天提出這個構想。
她回答：
「我不曉得做不做得起來，而且一期整本都由我來構思編輯嗎？」
看來她似乎還記得我說的話。
之前我曾隨口提過，要不要嘗試整本都由自己規劃，而且擔任總編輯？
於是，誕生的便是這期《日日》。
全冊從策劃、採訪、撰稿，
都由伊藤正子在百忙之中包辦完成。
以往不曾出現在《日日》的多位人士，
也因為她的關係亮相，
使得這一期的內容深具吸引力。
此外，還請到「吃著小春便當」的小春本人，
以照片現身。
在眾人寵愛下成長的小春，
已經是個率直可愛、亭亭玉立的少女了。
從小看著她長大，
在她出生時就認識她的我，心中感慨萬千。
這一期出現各式各樣的便當，
有些買得到，也有花錢都買不到的。
希望能當作大家做便當時的參考，
因此有些便當提供了食譜跟作法。
希望各位能體會到便當的樂趣、美味及懷念的感覺，
感受到這小小宇宙的魅力。

小春的便當

早上說聲「路上小心！」
遞出沉甸甸的便當盒，
傍晚說句「妳回來啦。」
接過空空的便當盒。
就算彼此都很忙，沒什麼時間多聊天，
但看著空空的便當盒，
也會心想，嗯，女兒這一天很有活力。
不知不覺，
對我來說，
每天的便當成了無可取代的事物。

文——伊藤正子
攝影——日置武晴
攝影（便當）——伊藤正子

日常的便當

之一

開始做便當時，
我第一件決定的事情就是，
「絕對不勉強自己。」
因此，我們家的便當，
都是運用常備菜或是前一天的菜色。
看起來真的很不起眼，
但總讓我真心認為，
果然還是褐色系的便當最美味。

如果剛好在家裡，我也會吃當天便當的菜色，順便嚐嚐味道。
跟平常做飯不一樣，要做到「冷了也好吃」實在不容易！

那個小不點的女兒在今年春天升上高中二年級，到了開始思考未來升學及工作的年紀。她的興趣非常廣泛，從電影、戲劇、演唱會到畫展，經常一個人外出。

我不禁會想過去老黏在我身邊，開口閉口「媽媽！媽媽！」的時代到哪兒去了？隨著女兒成長，我能留給自己的時間也變多了。或許因為這樣，出國或到日本地方出差的機會也隨之增加，最近經常不在家裡。

有一天，女兒隨口告訴我，「大學如果可以在京都念也不錯耶。隨時抓本書就能到咖啡廳坐著讀。」大概是她去京都旅行時，在街上看到很多學生吧。

這番話讓我突然想到，對啊！說不定我能為這孩子好好做飯的時間，其實沒剩多久了？既然這樣，就該比之前更認真花點時間每天做飯給她吃。第一步，就是因為最近太忙而全仰賴我母親的便當。我下定決心，在女兒高中畢業之前要好好幫她做便當。

肉丸子、涼拌紅蘿蔔、煎蛋捲、
小魚乾、醃梅乾。

炸雞塊、西式醃菜、
小魚乾飯糰。

迷迭香風味煎豬肉、
小番茄拌番茄乾、水煮蛋、
小茴香風味炒高麗菜苗。

炸蝦飯糰、米糠醃小黃瓜。

炸肉餅、巴薩米克醋拌炒蓮藕與
京都紅蘿蔔、咖哩玉米。

竹輪磯邊揚*、
芝麻拌紅蘿蔔綠花椰、
昆布、醃梅乾。

蓮藕鑲肉、燉南瓜、
柴魚片醬油拌乾炸四季豆、
紅紫蘇拌飯。

炸豬排、檸檬煮地瓜、
清燙小松菜、紅紫蘇拌飯。

酥炸蠶豆蝦仁、
柴魚醬油拌乾炸四季豆、
風乾蘿蔔絲沙拉、海苔飯。

*譯註：「磯邊揚」是麵衣中使用海苔的油炸料理。

日常的便當

之二

女兒最喜歡吃青菜。
因此，如何做出涼了之後
也好吃的蔬菜料理，
是我做便當時的一大課題。
炒蔬菜絲、涼拌、紅燒……。
雖然進步不多，
但自己覺得「就是這個」的味道
也不斷增加了。
距離女兒畢業還有兩年，
想到研究這項課題的時間所剩不多，
有些捨不得。

飯糰的外形美觀且方便食用，更重要的是好好吃！
早上做好幾個，肚子餓了就往嘴裡塞，是填肚子的好朋友。

每次問女兒，明天的便當想帶什麼？她的回答多半是「樸素一點沒關係，好吃就好」。似乎她注重的不是看起來可不可愛，而是要有像是使用正統高湯製作的燉菜，或是使用季節蔬菜的菜色。

她還說：「如果是為了口味需要，加小番茄是無所謂啦，但如果只因為要看起來可愛，那就不必了。」原來如此。我聽了女兒的要求，結果真的做出的都是不起眼的褐色系便當。我當然確定口味不會差，但仍不免思索，對一個身為造型師的母親來說這樣好嗎？

我嘗試加入小飯糰，還用紅蘿蔔、南瓜、蛋來增添一點色彩。口味跟可愛的外觀，兩者兼顧非常重要。或爽脆或鬆軟的口感互相搭配，還有甜味、鹹味的均衡也要顧到。將種種考量下做好的各道菜裝進便當盒裡，是最開心的一件事。

仔細想想，在一個小盒子裡裝滿了做菜的人的心思，每個便當都意義深遠。甚至觀察一個便當，大概就能理解烹調者的人生哲學。

薑燒豬肉、高湯白煮蛋、
炒牛蒡絲、紅紫蘇飯。

檸檬煮地瓜、涼拌菠菜小番茄、
清燙甜豆莢、清蒸油豆皮、
糖醋醃紅蘿蔔。

烤油豆皮、炒蒟蒻、
炒紅蘿蔔絲、
紅紫蘇與鹽漬櫻花飯糰。

柚子胡椒口味橄欖油拌蓮藕、
涼拌紅蘿蔔、豆皮炒小松菜、
紅紫蘇和海苔飯糰。

酥炸蓮藕泥、燒什錦、
滷花豆、海苔飯。

蘆筍炒豬肉、白煮蛋、
小番茄、醃梅乾。

涼拌甜豆莢、燒蓮藕、
煎蛋捲、糙米飯糰。

柚子胡椒口味炸雞塊、
燒南瓜、芝麻拌四季豆、
糙米飯、醃梅乾。

漢堡排、白煮蛋、
醃小黃瓜、涼拌紅蘿蔔、
脆脆小魚乾。

蓋飯便當

先在便當盒底部，
鋪上一層飯，
接著繼續鋪上喜歡的配菜。
即使是相同的菜色，
不知為何蓋飯便當看來就是特別好吃。
我的目標就是，
要盛裝得很漂亮，
讓吃的人在打開便當蓋的瞬間，
發出「哇——！」的驚喜。

預先做起來的中式肉燥，簡餐式擺盤的午餐。
女兒不喜歡香菜，所以我一個人吃飯時就能盡情享用。

母親做的便當之中，有個我很喜歡的就是「烤雞肉便當」。用略帶甜鹹味的醬汁燒烤雞肉、蔥段，然後鋪在白飯上。我記得在飯跟配菜中間還有一層海苔。醬汁隨著時間慢慢滲入飯中，真是難以形容的美味。

「把菜鋪在飯上。」只是這個小動作，就讓飯跟菜有了整體性，或說一致性……。總之，我認為這也讓美味更加提升。這種「蓋飯便當」，我女兒也非常喜歡。

把事先做起來冷凍保存的乾炒咖哩或是中式肉燥加熱，再將調味好的肉快炒後鋪到飯上，簡單完成。這種做來輕鬆的便當，在我得出門工作的慌忙早晨，不知道幫過我多少次大忙。

雞肉鬆、烤鮭魚鬆，用醬油、酒、薑泥醃過的豬肉或牛肉，家裡冰箱跟冷凍庫裡隨時備有這幾種方便帶便當的材料。這些也是我安心的來源。

鮭魚、炒蛋、雞肉鬆、
豌豆莢組成的四色便當。

魚露口味炒蒟蒻、
涼拌甜豆莢、
櫻花蝦嫩煎蛋。

薑燒牛肉、
櫻花蝦煎蛋捲、豌豆莢。

中式菜乾肉燥、
涼拌木耳小番茄。

辣炒豬絞肉、炒玉米、
涼拌番茄乾、荷包蛋。

炸豬排飯、醬菜。

涼拌豆芽菠菜、
韓式辣味牛肉、韓國海苔。

乾炒咖哩、荷包蛋、
西式醃菜。

鮭魚、紅紫蘇、
醬菜、小魚乾。

熱便當

哎呀！睡過頭啦！
媽媽也是普通人，
不免會遇上這種狀況。
但是，不要緊，
只要把前一晚的湯熱一下，
附上一份麵包跟水果，
便當就準備好啦！
這種方法，
最適合個性迷糊的我。

香菇庫司庫司與蔬菜湯。搭配哈里薩辣醬一起吃。
我跟女兒都很喜歡庫司庫司，是家裡常出現的菜色。

講起便當，印象中都是吃涼的，但最近的便當似乎變得不太一樣了。一年前，我發現市面上推出很多新的容器，可以方便裝熱湯帶著走，馬上就買來用。

似乎還是熱食吃起來比較舒服。女兒也讚不絕口。

事實上，做這種熱湯便當我也輕鬆不少。例如，把前一晚留下的湯裝起來，再加一份麵包。或是早上簡單煮個味噌肉片湯，捏幾顆飯糰。沒有時間做好幾道配菜時，的確非常方便。

曾經有一次，我抓了兩顆蒸得熱騰騰的粽子塞進便當盒，連同一壺茶讓女兒帶走。她說，「一打開盒蓋就看到兩顆竹葉包著的粽子，嚇一大跳。」話雖如此，聽說她仍吃得津津有味。

自此之後，庫司庫司、泰式咖哩、咖哩雞、青江菜蝦米燉湯、用冬瓜跟雞高湯做的中式清湯、義式蔬菜湯……可以變化的範圍愈來愈大。聽說女兒也很期待每天打開便當盒的那一刻，「今天帶了什麼？」

牛蒡豬五花肉紅味噌湯、
三色小飯糰
（芝麻、小魚、紅紫蘇）。

加入五種香料的蔬菜湯、
香菇庫司庫司。

彩椒燉雞肉、番紅花飯。

泰式咖哩、泰國米、
蜂蜜薄荷涼拌各種柑橘類。

義式蔬菜湯、貝殼麵。

蝦米風味青江菜、豬肉、
鵪鶉蛋燴麵。

《午夜的玫瑰》

向田邦子著　講談社

「我很怕那些裝模作樣的食物。」
向田邦子在結束海外旅行歸國後，
第一道做的就是海苔便當。
至於海苔便當的配菜，
有薑燒肉片跟鹽味煎蛋。
可別以為只是簡單的海苔便當。
裡頭裝滿了向田邦子講究的味道，
是個看起來非常美味的便當。

要不要吃？

回到日本之後，我第一個做的就是海苔便當。

先炊一鍋好吃的白飯。

悶上一段時間，鬆鬆地裝入漆器便當盒約三分之一量鋪平。然後薄薄鋪一層預先吸飽醬油的柴魚片。再放上切成八片烘烤過的海苔。同樣的步驟重複三次，最上方鋪少許的白飯，小心翼翼別讓飯粒沾上便當盒蓋。鋪好白飯後蓋上盒蓋，大概悶個五分鐘就可以開動。

《幸田文 廚房記》

幸田文著　青木玉著　平凡社

從求學時期就一手包辦包括廚房工作等
各項大小家事的幸田文。
不過，有時她不敵睡魔，
來不及做便當就到學校。
沒吃便當的幸田文，
隨口扯了謊，「我肚子不舒服。」
憂心的朋友遞給她的是，
塗了奶油跟砂糖的吐司。

謊言與麵包

沒有人不知道便當的味道。我想所有人也知道那是非常複雜的味道。如果是個等不及打開的便當，想必吃起來愉快又美味，但就算沒吃也知道是什麼樣的味道。

（中略）

那個便當，是一片塗了奶油跟白砂糖的烤吐司，但一眼就看出做得很精緻。整片吐司上奶油跟砂糖塗抹得非常均勻。我猜想她會說，「怎麼樣？很好吃吧？」結果我猜錯了。伸子一句話也沒講，等到我吃完她才說：「我媽媽一定很高興。」

（中略）

那陣子，吐司好像始終除了伸子的那份之外又多準備一份。這對母女的體貼且溫馨的心意打動了我，讓我忍不住將那個沒有便當的「謊言」化為粉碎。

聊聊黑田辰秋送給河井寬次郎的便當盒

「有個便當盒，我嚮往很久了。」木工師傅佃真吾告訴我的，是一款折疊的木製便當盒，而且是七十多年前製作的。

文——伊藤正子
攝影——日置武晴

佃真吾過去只透過玻璃櫥窗看過的便當盒，這是第一次真正摸到。「哇！原來摸起來是這種感覺啊！」愛不釋手的模樣令人印象深刻。

看板上的字是黑田辰秋沿著棟方志功的字跡鑿出來的。除了看板，館內還有拭漆三段格架等黑田的作品可供欣賞。
河井寬次郎紀念館 ☎075-561-3585

有一次我跟佃真吾聊天時隨口聊到便當，結果他說。

「講到便當，我想到木工大師黑田辰秋為河井寬次郎製作的便當盒，很厲害唷。」佃真吾本身也是23歲就進入木工這一行。

「雖然都叫木工，但我當年服務的公司跟工藝扯不上邊。只是有次我在路上，碰巧看到『黑田乾吉木工塾』的招牌，於是在工作之餘一星期去上個幾次課。一開始我根本不曉得乾吉老師就是黑田辰秋先生的公子，其實就連黑田辰秋是誰也不知道。」

到了乾吉老師的住處時，佃真吾看到一木製的八角形糖罐。

「原來工藝製作的不只是裝飾品，還能像這樣實際在生活中使用呀。當下我就想，如果這樣我也想製作工藝產品。」

之後，考量到「既然有機會在京都，應該從事更傳統的工作內容。」於是他到了專門製作家具及茶道具等小零件的工作室。

在十年的學藝生涯中，有一天他看到雜誌上的一張照片。

有緣得見多年來珍藏的便當盒。組裝後呈現的外觀。

拆解之後變得扁平。裡頭的側板跟隔板都能服貼收起來。

吃完便當後收納成扁平狀，不僅方便攜帶、容易清洗，收起來不占空間……好處多多。

打開盒蓋。很可能是用「弁柄」（譯註：一種日本傳統的紅色顏料、研磨劑）塗抹上色。

「照片上是戰爭期間黑田辰秋送給河井寬次郎的便當盒。我看了之後始終念念不忘，終於在2004年在大津舉辦的黑田辰秋百年誕辰紀念的回顧展中，看到了展示的實物。」

就像佃真吾崇拜黑田辰秋一樣，黑田辰秋也有自己欣賞的工藝大師。就是有「土地與火焰之詩人」之稱的陶藝家河井寬次郎。在京都的五条坂有寬次郎的工作室，也留有過去他和家人的住家，現在成了紀念館。

「我猜他們兩位的工作室距離很近，可能平常就會針對陶藝和木工來交流。雖然使用的素材不同，我卻覺得他們倆的作品呈現類似的旨趣。跟職人稍微不同，帶點自由，有股由他們自行定義的『舒適感』。從這個角度來看，我認為他們不只是職人，更是創作家。」

佃真吾念茲在茲的便當盒。至今仍收藏在河井寬次郎紀念館中。我們也特地請寬次郎獨生女須也子的三女兒鷺珠江來聊聊這只便當盒的故事。

為了看看便當盒 前往河井寬次郎紀念館

河井寬次郎有句名言，
「生活即工作，工作即生活」。
因此，他的工作室就是全家人一起生活的住處，
也是目前位於五条坂的紀念館。
至今仍感受得到寬次郎的氣息。

1937年依照寬次郎的構想而打造的建築。在他過世後7年，也就是1973年以紀念館的形式開放至今。
佃真吾也常造訪的此處，除了登窯、素燒窯，以及寬次郎從早期到後期的作品之外，也能參觀到其他像是木雕、書籍、字畫，還有黑田辰秋的作品。

「聽說這個便當盒是在1944年左右，黑田老師拿來給我祖父看，說『我試著做了這玩意兒』。」

戰爭期間，所有人都苦惱於糧食不足。當時也沒辦法燒登窯，只好專心寫作，卻收到了這麼棒的禮物。「看到漆器製作的便當盒，整顆心都變得富足。」據說寬次郎夫婦覺得非常感動。

當時家中還在唸書的獨生女須也子，好像也用過這個便當盒。她在緬懷父親寬次郎的著作中曾提及，這個便當盒在吃完飯後可以拆解收納，覺得很衛生，用起來很愉快。

「那時候沒那麼富庶，我猜便當的菜色都很簡單吧。飯裡應該也混了蘿蔔或地瓜。」珠江說。

這個讓寬次郎感動萬分的櫸木便當盒，不但具備「生活工具」的功能，還令人感受得到莊重有禮且帶著一股親切。看著這兩位年紀不同卻彼此尊重、互相影響的「創作人」過往的交流，似乎也刺激了佃真吾的創作動機。

與寬次郎的外孫女鷺珠江對談。
來自中庭和煦的陽光中，她娓娓
道來與外祖父的種種回憶。

走訪佃真吾的工作室

從京都市區車行約20分鐘。我前往佃真吾的工作室，看他正在製作的便當盒。一間小小的木工工作室，就佇立在山坡旁。

小小的「豆鉋」（小刨刀）用來修飾托盤之類的內側。每項工具都是佃真吾親手製作。

「包括河井寬次郎紀念館在內，還有進進堂的桌子、鍵善的櫃架……在京都這個城市中，到處都留有黑田大師的影子。至今仍『與我們同在』是我覺得這個城市最棒的地方。」

　進進堂的桌子，還有紀念館的招牌，的確至今還在。而且這些並非「特殊的景致」，而是完全融入城市，融入人們的生活。我似乎能了解，為什麼出生於滋賀的佃真吾，在學藝有成後仍繼續留在京都，甚至還在這裡成立工作室。

「黑田大師也有一些比較沒那麼平易近人、感覺震撼人心的作品。但我欣賞的都是圍繞在生活周遭的作品。當我發現了便當盒，就完全被吸引住。不斷思考如果是我會怎麼製作？會如何花心思呢？」

　我到工作室拜訪時，工作檯上正好放著做到一半的便當盒。尺寸就靠手邊的圖集計算，材質聽說跟黑田大師一樣，用的是櫸木。接下來要進入上漆的作業，然後即可完成。從某次聊天時提到的便當盒，終於要成形了。

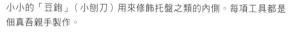

組合之前的便當盒。「櫸木質地堅固耐用，使用時不用太小心翼翼也無妨。非常適合用來製作日用品。」佃真吾解釋。

45度角的地方用刨刀仔細修整。

非常狹小的作業空間。不知道黑田辰秋的工作室是否也像這樣的感覺？

便當盒大功告成

在我探訪工作室之後，大概過了一個月。某天收到一個包裝得很慎重的包裹。就是製作完成的便當盒。

每個步驟真的都非常用心。光看著各個零件都覺得好美。

一打開包裝，出現的是美得令人讚嘆的便當盒。

「製作時特別留意，無論是拆解時或是組合成便當盒，都能上下密合蓋緊。因為萬一湯汁漏出來就不好了。另外，最上層還上了漆，讓櫸木的木紋看起來更漂亮。」佃真吾說明。

無論組合起來、蓋上蓋子，或是裝滿飯菜時，使用起來都得心應手。不愧是學過專門製作小零件的高手。做工非常精細，也很確實。

此外，如同須也子的敘述，各個部分拆開之後能清洗得很乾淨，感到非常舒服。總之是一件用起來很方便的生活用品。

此外，在這次的採訪之中，不斷聽到佃真吾提及「黑田」這個名字。我說，你真的很欣賞他耶，佃真吾靦腆地笑著說，「我好像一直在追隨他的腳步。」不不不，佃真吾製作的便當盒堪稱傑作，足以獨當一面了。我想，如果寬次郎大師還在世，佃真吾一定也會帶著這件作品到五条坂拜訪並向他說，「我試著做了件作品。」

在意識到原創性之中，便當盒內也有很多出於佃真吾的巧思。這一天的菜色是日式煎蛋捲、清蒸小芋頭、小松菜炒豆皮。

《言談的餐桌》

武田百合子 著　野中由里 繪

筑摩文庫

童年時期，
因為偏食而吃得很少的武田百合子，
最讓她感到開心、雀躍不已的，
就是用醃梅乾染成淡淡牡丹色，
或是醃蘿蔔乾染成黃色的飯。
在鋁製便當盒裡，
如此繽紛的色彩看起來一定很美。

便當

印象中是從小學二年級開始帶便當。我的便當盒是鋁製品，四四方方，蓋子上還有一道斜凹槽，可以收放筷子。至於使用不會被醃梅乾酸性腐蝕的新金屬「耐酸鋁（alumite）」製作的便當盒，記得大概是我升上高年級那陣子才上市。脖子上掛著電車月票，一個人搭乘電車上下學的學生，第一次帶著紅色橢圓形的耐酸鋁便當盒時，大家都輪流央求要看一下。盒蓋上還畫了一隻鸚鵡。

（中略）

如果有便當飯（加了炒蛋跟碎海苔的拌飯）或是貓飯（在白飯上鋪滿柴魚片與海苔），我就很開心。如果有鱈魚卵，或是可樂餅，哇！那就太棒啦！

《季節之歌》

佐藤雅子著　文化出版局

使用佃煮牛肉、鐵火味噌*之類的常備菜，
用現成材料搭配而成的配菜。
水壺內裝滿芳香的焙茶，
再加上季節水果和日式甜點。
她為先生上山時精心準備的便當，
看起來美味極了。
便當的調味會比平常做菜時略重一點。
如果是前一晚先做好的，早上一定會重新熱過……。
上山時的便當必須講求「迅速」、「方便」。
看起來簡單俐落的便當之中，也蘊藏了主婦的巧思。

上山的便當

春風吹起，喜歡植物的先生就要外出尋訪野花野草。「又快到了菫花的季節。錯過這段時間，就得等到明年春天。」他會這麼說，一副忍不住要出門的模樣，我也要幫他準備做便當的保存食品。

（中略）

先生平常上班也會帶簡單的便當，不過總是是三明治。但如果要上山，吃麵包的話一下子就餓了，於是改吃米飯，但一樣走簡單的路線。像是主食只有白飯加顆自製的醃梅乾，有時候從院子裡摘片竹葉包白飯，或是用鹽漬紫蘇葉包盛飯糰。

*譯註：蔬菜、黃豆、牛蒡等材料炒軟後拌入紅味噌、砂糖、味醂、辣椒慢炒成泥狀。

這些人喜歡的便當

自己家裡做的便當固然好，
但外頭買的便當也有不同的吸引力。
有時候就是沒來由想吃，
某間店特別的口味。
這次請到4位，
來說說他們喜歡的市售便當。

文——伊藤正子
攝影——日置武晴

崎陽軒的燒賣便當

咖啡烘焙師
大宅稔

「你喜歡哪一間店的便當？」問咖啡烘焙師大宅稔，他立刻推薦了日本各地的好吃便當。

從京都外賣老店的便當，到車站內方便購買的種類，似乎每種便當他都仔細研究過「好吃的關鍵」。其中最讓人感到興趣的，就是他對崎陽軒的燒賣便當情有獨鍾。

「每次要搭乘新幹線之前，想到該買個便當，忍不住就會挑這個。無論從份量、口味、價格來看，總之各方面都是恰到好處。我認為這是在車站裡的各款便當中最棒的一種。」

對出身京都的大宅稔而言，燒賣便當是他在關東的舒心食物吧。

「一打開盒蓋，就會想著該從哪裡下手。是燒賣呢？或者旁邊的配菜？還是撒了黑芝麻的白飯呢？對了對了，那個白飯啊，也是超好吃……」接下來他的燒賣經又持續了一個多小時。

紅蜻蜓的三明治

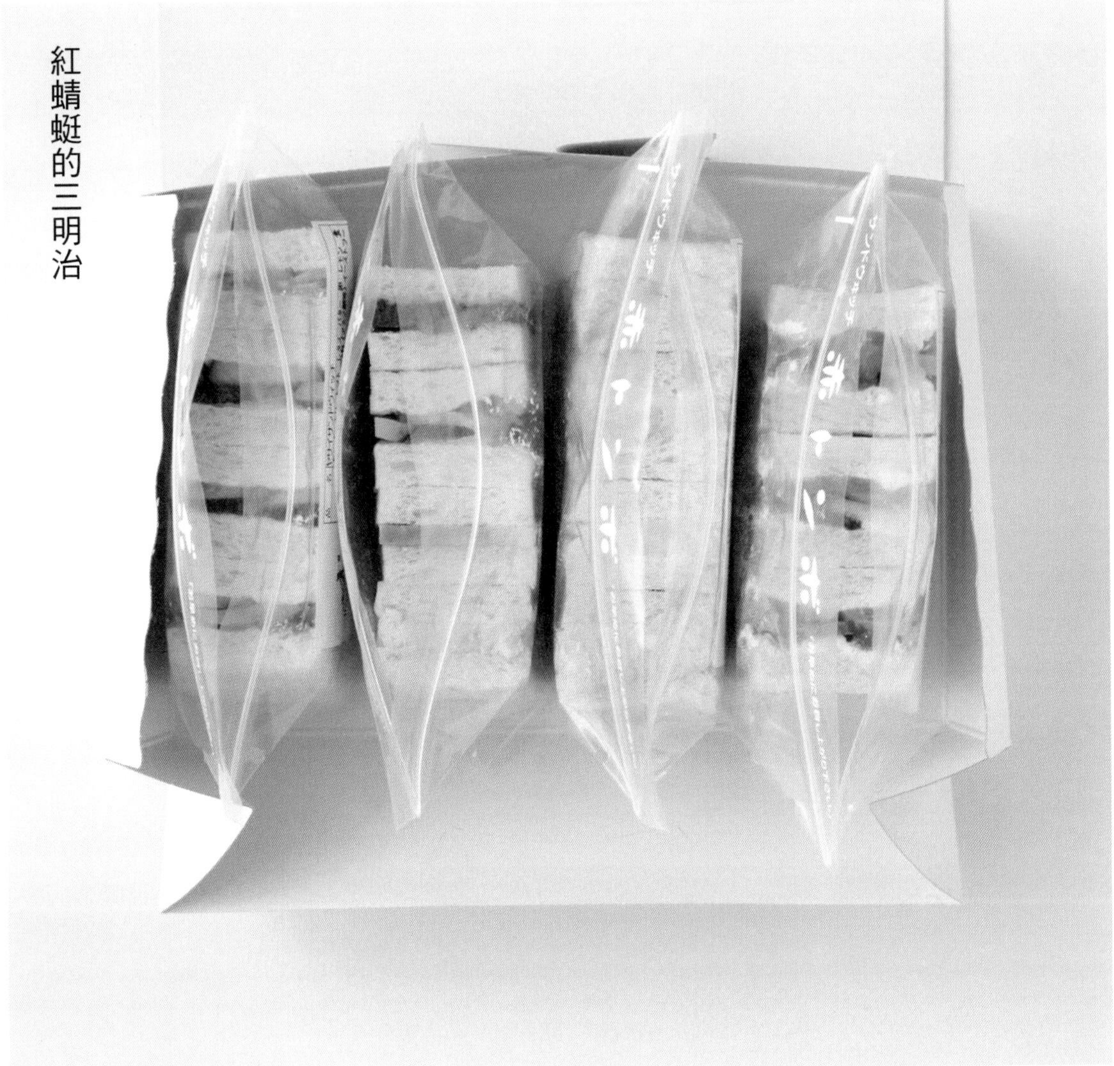

紅蜻蜓　☎03-3243-9901

「紅蜻蜓啊，在我年輕還在學咖啡那時候，算是稍微奢侈的享受。當年雖然也開了西餐廳，但我實在沒什麼錢，都只點火腿三明治跟咖啡。火腿三明治真是好吃得不得了。如果是這間店的三明治，根本可以拿來招待客人了吧？」

據說至今他仍經常會外帶給家人，或是要回京都時買了當作伴手禮送給友人。

大宅稔形容紅蜻蜓的三明治是「令人驚訝的美味」。今天我點了水果三明治、蛋沙拉三明治、蔬菜三明治跟總匯三明治。

一口咬下，果然清楚了解大宅稔所說「可以拿來招待客人」的滋味是什麼意思。如果說「請用三明治來表達何謂『悉心製作』。」我想，最好的說明就是紅蜻蜓的三明治了吧。

「最棒的是，如果前一天預訂，一大早就能取貨。這樣還可以帶著三明治到公園野餐。聽起來是不是超讚？」

編輯

岡戶絹枝

弁松的紅豆飯便當

岡戶絹枝，過去曾操刀《Olive》、《ku:nel》等雜誌，現在是《鶴與花》的總編輯。

「弁松的紅豆飯便當，是當年還在《ku:nel》時，編輯部的同事介紹我的。準備美味的午餐，也是讓拍攝作業順利進行的條件之一唷。因為能夠藉此提升攝影組同仁的工作士氣。」

原來如此！的確，每次跟岡戶絹枝拍照時，她總會很擔心大夥兒餓肚子。「午飯有什麼打算？想吃什麼？」

「外觀看起來就乾乾淨淨，感覺就很美味吧？烤魚、滷菜的份量剛剛好，有時候還會配點甜煮豆。」

的確如此。份量恰到好處且營養均衡的便當，仔細想想還真不常見呢。其實，《日日》的高橋良枝總編也很喜歡弁松的便當。這兩位嚐遍酸甜苦辣的人生前輩，評價為「好吃且有格調」的弁松便當，我也想試試看。

Vian的熟食

Vian ☎03-3722-7799

岡戶絹枝多年來在工作之餘也有固定打網球的習慣。

「我經常打完網球就吃Vian的便當。因為運動前吃太飽，肚子會不舒服吧？便當有四道配菜跟六道配菜的，而且還能選白米飯或糙米飯，我每次都選四道菜的。在一張大桌子上擺滿各式各樣的熟食，就從裡面挑選想吃的種類，每次中午去的時候幾乎每道菜都是熱的。好像都是在店裡後方的廚房現做，一間店裡能做出這麼多道熟食，對掌廚的人真感到好奇……」

光聽她敘述就覺得好像很好吃。話說回來，會「對掌廚的人感到好奇」，這的確是很像編輯會有的想法。

一開始會嘗試各種菜色，現在大概都固定挑選竹莢魚南蠻漬、炸雞塊或小漢堡、涼拌番茄秋葵，還有炒蒟蒻絲。

「挑選的時候會留意肉類、魚類、蔬菜還有喜歡的菜色，達到均衡。」

Vian每天備有超過五十種菜色。的確，真令人好奇是誰掌廚的呢。

漫畫家

星余里子

菊太屋米穀店的高湯煎蛋捲便當

經常往來於關西與東京之間的星余里子，照理說她得取材、趕稿，工作繁忙，但每次看到她總是散發出一股雍容穩重的氣質。這種感覺似曾相識……仔細想想，就是星余里子漫畫作品呈現的氣氛吧。

至於她推薦的便當，也是令人不由得拍案叫絕，「果然有星老師的風格！」無論是飯糰或稻荷壽司，都讓人感覺雍容穩重。「我之前看了晨間劇《多謝款待》，從此就愛上飯糰。飯糰這小東西呢，到處都買得到，但好不好吃差很多啊……。目前覺得最好吃的就是菊太郎米穀店這間米行賣的高湯蛋捲便當。」兩顆芝麻鹽飯糰，配上醃梅乾跟毛豆，還有外形飽滿看起來就好討喜的高湯煎蛋捲組成的便當，只在京都、大阪關西地區才買得到。

「要到東京時，我會在搭新幹線之前買一個，或者是回到關西時買一個，帶回家當晚餐。」據說帶回家之後米飯也不會變硬，依舊鬆軟好吃！

豆狸的稻荷便當

去程是飯糰，那麼回程呢？星余里子告訴我，她會買豆狸的稻荷壽司。因為就在品川車站內的ecute，通常都是在搭新幹線之前買了到車上吃。

「過去大多買飯糰，但始終找不到真正喜歡的，後來才發現豆狸的稻荷壽司。」其中特別喜愛的，是加了高知縣黃金生薑，口味清爽的黃金生薑稻荷壽司，以及帶有山葵嗆辣口感的山葵稻荷壽司。原來如此，在蒸得甜甜鹹鹹的豆皮裡包進醋飯，再加上山葵或生薑來提味……小小壽司口味卻帶來大大滿足。

我是這次聽了星老師的介紹，才知道這間店，但後來發現其實我身邊有很多人都是豆狸的稻荷壽司愛好者。「每次在百貨公司看到有專櫃就會忍不住買。」

我非常能理解這種心情。因為看起來清爽、溫暖，是怎麼吃都吃不膩的味道。

雖然星老師介紹這款稻荷壽司便當，但稻荷壽司也可以單買一顆。想稍微填個肚子的話，就到豆狸吧！

二葉的散壽司

引田薰
Gallery fève

二葉　☎0422-47-2360

跟先生攜手在吉祥寺經營Gallery fève的引田薰，介紹的是「有30年老交情」、位於三鷹的二葉散壽司。

「經常在開會或是展覽期間買來當作午餐。只要端出這家的散壽司便當，所有人都會因為這完美的傳統口味而深受感動。而且大夥兒吃著相同的食物，一下子縮短了距離，我很喜歡這種感覺。」引田薰說道。

不想打斷工作，卻又想吃點高級美味的餐點。這時候，就覺得有這散壽司真好。其實，過去我在fève幫忙布展時，也曾經吃過這個散壽司便當。

把繁花似錦一般的散壽司便當放在Marimekko的古董桌巾上，這畫面太迷人，讓我忍不住心想，「不愧是引田薰！」

自此之後，每次聽到「散壽司」就會在腦海中浮現這個宛如一只珠寶盒的便當。

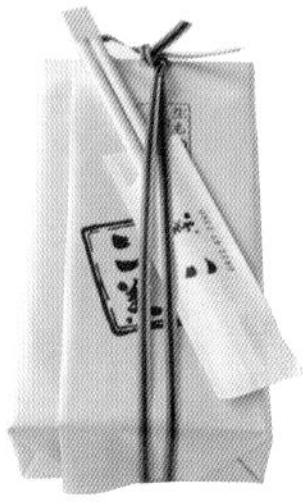

小青蛙便當

藝廊的工作表面看來光鮮亮麗，背後卻有很多事情得勞心勞力。

「藝廊這個場所，要顧及創作者還有顧客等很多人的想法。尤其通常在正式展出的前一天，要擔心很多事，像是能不能順利展出？會有顧客來嗎？有時候甚至擔心到什麼都吃不下。」

這種時候，最感到欣慰的就是還有青蛙食堂的小青蛙便當。

「第一次吃到小青蛙便當時，覺得好像從中獲得滿滿能量。原來食物不單只是填飽肚子就好，而是要獲得『活力』。小青蛙在真正了解食材之下，費盡心思調理，讓所有食材都能有最適當的發揮。我心想，正因為是這個人親手製作，才會有這等美味啊。」引田薰感嘆。

這個「彷彿能淨化全身」的便當，在創作者及來幫忙布展的大夥兒之間都廣受好評。看著引田薰一臉喜悅，「大家都跟我說『好好吃哦！』」就連我也跟著開心起來。

小青蛙便當

小青蛙（松本朱希子）製作的便當，
裡頭大量使用
父母從廣島老家寄來的蔬菜。
無論是飯糰或配菜，
每一道都呈現細緻且實在的口味。
看著小青蛙在廚房裡，
真誠與料理面對面，
就不禁心想，
料理果然能呈現製作者的性格呢。

文──伊藤正子
攝影──日置武晴

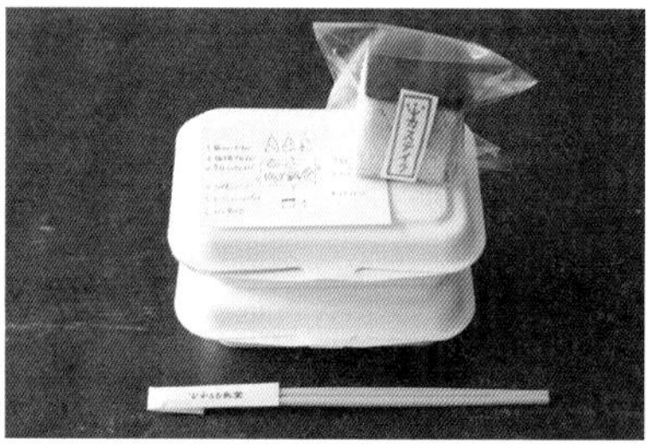

從菜單、長崎蛋糕的貼紙，到筷套，全部都是出自小青蛙手繪，可愛極了。

在前面「這些人喜歡的便當」裡，基本上採訪中提到的都是一般讀者也能方便購買的種類。不過在問到「fève」的引田薰時，她說「小青蛙便當不是人人都買得到，但對我來說有特別的意義。」

青蛙食堂的小青蛙，通常是辦活動時提供外燴或便當。換句話說，小青蛙便當並非隨時隨地可以買到，但如果引田薰這麼強烈推薦，一定要介紹讓大家知道！還要請小青蛙公開食譜！

「我在設計菜色時，都以爸媽種植的蔬菜為主。大致上會有三種飯糰和五種配菜。以魚或肉其中之一為主菜，搭配油炸、蒸煮料理及沙拉，會考量到營養均衡。」

加了馬鈴薯的漢堡排，即使冷了依舊嚐得到扎實口感；薯泥裡加了橄欖；散發出淡淡干貝香氣的豆腐丸子，還有爽脆的春季蔬菜沙拉。小青蛙便當裡永遠都充滿了新鮮的驚喜。

油菜花鮭魚飯糰

■材料（4 顆份）
油菜花 … 3～4 朵
鮭魚 … $1/2$ 片
A［高湯 … $1/2$ 大匙
　 薄口醬油 … 少許
白酒（或日本酒）… 1～2 小匙
鹽 … 適量
白飯 … 3 碗

■作法
〔事前準備〕
鮭魚放在大盤子裡，撒上少許鹽後再淋上白酒。用保鮮膜包起來放進冰箱，靜置一晚。

① 油菜花用鹽水迅速汆燙後，放進冷水降溫。擰乾水分後泡在 A 裡，然後切碎，輕輕擰乾水分。
② 鮭魚放在烤網上烤到焦香，撕碎。
③ 將①和②加入白飯裡，用飯杓拌勻。手掌用水沾溼，沾點鹽捏出 4 顆飯糰。

高湯煎蛋捲

■材料（4 人份）
蛋 … 3顆
A［高湯（或是泡干貝的湯汁）… 4 大匙
　 味醂 … $1/2$ 大匙
　 薄口醬油 … 1 小匙
油 … 適量

■作法
① 蛋打進調理盆裡，加入 A 用筷子打散，把蛋汁分成兩份。
② 煎鍋加熱，倒入油之後用廚房紙巾擦拭，讓鍋面均勻沾上油。將少量的①倒入鍋子裡，平鋪到整個鍋面，從靠近自己的方向往外捲。同樣的步驟重複幾次，煎成蛋捲後取出。
③ 剩下的蛋液用相同的作法，煎成兩條蛋捲，各自切成 4 等分。

蕪菁小魚飯糰

■材料（4 顆份）
小蕪菁 … 約 $1/4$ 顆
小魚乾 … 2大匙
香炒芝麻 … 2小匙
鹽、油 … 各適量
白飯 … 3碗

■作法
① 蕪菁連同葉子剁碎，撒點鹽輕輕將水分擰乾。
② 在平底鍋裡倒入油、鹽，加入小魚乾炒到酥脆後起鍋。
③ 將①、②以及香炒芝麻加入白飯中，用飯杓拌勻。手掌用水沾溼，沾點鹽捏出 4 顆飯糰。

梅子豆皮飯糰

■材料（4 顆份）
梅肉（醃梅乾去籽後用菜刀剁碎）… 2小匙
油豆皮 … $1/2$ 片
柴魚片 … 1小撮
鹽、醬油、味醂 … 各適量
白飯 … 3 碗

■作法
① 豆皮淋熱水去油之後，把水分擰乾，放上烤網烤到兩面焦香。撒一點用醬油和味醂以一比一調成的調味料，再用菜刀切碎。
② 將梅肉、柴魚片和①加入白飯中，用飯杓拌勻。手掌用水沾溼，沾點鹽（先試過梅子的口味來調整鹽的份量）捏出 4 顆飯糰。

橄欖薯泥

■材料（馬鈴薯 1 顆製作的份量）
馬鈴薯（男爵）… 1 顆
鮮奶 … 1/2 杯
奶油（無鹽）… 10g
鹽 … 一小撮
綠橄欖 … 30g（淨重）

■作法
① 馬鈴薯切成四等分，撒上一點點鹽（材料標示的份量之外）。放進加熱到冒蒸氣的蒸鍋中，蒸到竹籤能刺穿。
② 將①趁熱剝皮，然後壓成泥。
③ 奶油放進小鍋子裡加熱融化，加入②之後用木杓拌勻。加入牛奶跟鹽輕輕攪拌，感覺質地變得厚重時就可以關火。橄欖（有籽的話事先去掉）切碎後拌入薯泥。盛裝到容器中，用保鮮膜緊密包好以免變乾。

馬鈴薯漢堡排

■材料（6 人份）
牛絞肉 … 200g
馬鈴薯（男爵）… 100g
洋蔥 … 50g
舞菇 … 50g（1/2 包）
小番茄 … 6～7顆
（或是番茄 1/2 顆）

A
- 紅酒 … 1 大匙
- 蠔油 … 2 小匙
- 味醂 … 1/2 大匙
- 薄口醬油 … 1 小匙

蛋液 … 1 又 1/2 大匙

B
- 水 … 1/4 杯
- 紅酒 … 2 大匙
- 味醂 … 2 大匙
- 醬油 … 2 小匙

太白粉液（太白粉加入等量的水調勻）… 1/2 小匙
橄欖油、鹽、胡椒 … 各適量

■作法
① 洋蔥切末，舞菇和番茄切碎。
② 平底鍋熱鍋後，倒入橄欖油，撒一小撮鹽，加入洋蔥和舞菇拌炒。炒軟之後再加入番茄，接著加入 A 拌勻，炒到湯汁收乾後取出。
③ 牛絞肉放入調理盆裡，用手輕輕抓拌，加入放到稍涼的②和蛋汁、胡椒後拌勻。馬鈴薯削皮磨泥，稍微瀝水後加入拌勻。分成 6 等分，捏成橢圓形。
④ 平底鍋熱鍋後倒入橄欖油，放入③香煎。煎到一面上色冒出焦香味，再緩緩翻面，加入 2 大匙水蓋上鍋蓋。等到湯汁收乾後取出。
⑤ 將 B 倒入④的平底鍋裡，小火煮到湯汁略收。加入太白粉液讓湯汁變得稍微黏稠，再把④的漢堡排放回鍋子裡，裹上醬汁後取出。最後撒點胡椒。

春季蔬菜沙拉

■材料（4人份）
豌豆莢 … 10～15根
小番茄 … 5～6顆
青花菜 … 5小朵
水菜 … 1/4把
培根 … 1片
鹽、胡椒、橄欖油 … 各適量

＊檸檬淋醬（方便製作的份量）
檸檬汁 … 1/2大匙
白酒醋 … 1大匙
橄欖油 … 1大匙
鹽 … 1/4小匙
胡椒 … 適量

■作法
① 豌豆莢去筋，斜切成細絲。小番茄去蒂頭，切成梳狀。水菜去根後切成3公分的長段。培根切碎。將檸檬淋醬的材料混合拌勻。
② 青花菜撒上少許鹽，放進加熱到冒蒸氣的蒸鍋中蒸熟（顏色變得鮮豔就起鍋，才不會蒸得過熟）。切成方便食用的大小，放進裝有冰水的調理盆裡冰鎮。
③ 平底鍋熱鍋，倒入橄欖油炒培根。培根炒到上色後加入豌豆莢拌炒，再倒進②的調理盆裡。稍微放涼後，加入小番茄跟水菜拌勻。
④ 淋醬拌勻後適量加入沙拉中攪拌，試過味道後再用鹽和胡椒來調整口味。
＊ 步驟④在裝便當之前才淋上醬汁。

豆腐丸子

■材料（4人份）
木棉豆腐 … 200g
干貝 …… 1顆
紅蘿蔔 … 30g
杏鮑菇 … 1根
甜豆莢 … 5根
A ［味醂 … 1小匙
　 薄口醬油 … 1/2小匙
山藥 … 20g
B ［蛋液 … 2小匙
　 鹽 … 足足一撮
油、太白粉、炸油、鹽 … 適量

■作法
〔事前準備〕
・乾干貝浸在水中，放進冰箱靜置一晚泡開。
・木棉豆腐用重物壓在上方，充分瀝乾水分。
① 將泡開的干貝用手撕碎。紅蘿蔔切成細絲，杏鮑菇切成粗絲，甜豆莢去筋切細。
② 平底鍋熱鍋，倒入油之後先炒紅蘿蔔絲跟杏鮑菇絲。炒軟之後加入干貝跟甜豆莢拌炒，用A調味後起鍋。
③ 用手將瀝乾水分的豆腐剝碎，裝進調理盆裡。加入磨泥的山藥跟B拌勻，再加入稍微放涼的②。將材料分成4等分，捏成扁平的橢圓形（把手沾溼比較容易塑形）。
④ 在③上撒點太白粉，拍掉多餘的粉，用加熱到170℃左右的炸油炸到金黃酥脆。最後撒少許鹽。

《喜歡棉花》

高峰秀子著　文春文庫

高峰秀子會帶著親手做的便當，到拍攝現場。
從這個小地方就能看出，她雖然頂著「女明星」這個光鮮亮麗的頭銜，仍過著腳踏實地的生活。
因為她先生「對鋁製便當盒連正眼也不瞧一眼」，她收集了許多其他樣式的便當盒，也令人非常好奇。
毫不矯飾的文字，讀來心曠神怡。

便當盒

有很多人喜歡鐵道便當。每次火車一靠站，看到不顧自己一把年紀還將身子伸出車窗想買鐵道便當的大叔，忍不住微笑心想，「哎呀呀，那個人對便當也有特殊的鄉愁吶。」

其實，我也是會做這種事的其中一人。

（中略）

與我這個便當愛好女結婚的松山善三，當初聽到他也是個便當熱愛者，覺得這下子可不得了。

（中略）

即使生病住院，我也拜託便當店的老闆娘，三餐幫我做便當。（中略）喜歡的菜色有鹽烤鮭魚、炒牛蒡絲、高湯煎蛋捲、薑燒牛肉，只要有這些菜就心滿意足。

《飲食帖》

內田百閒著　中公文庫

受派到日本郵政公司的內田百閒，
最傷腦筋的事就是該怎麼解決午餐問題。
遍尋不著中意的蕎麥麵店，
話說回來，從中午就吃些西餐、鰻魚飯，
對身體的負擔也太大。
有一陣子他決定，
「最好就是乾脆什麼也別吃。」
卻搞到肚子空空，雙腿無力。
在歷經苦惱，最後他的決定是……？

小員工的便當

持續好一段餓肚子的日子，但看得出終究不是長久之計，於是我決定用鋁製便當盒裝了麥飯，每天攜帶。放在辦公桌的抽屜裡，等到下午兩點半、三點左右，走廊上沒什麼人時才吃。我怕配菜要是太好吃，飯就不夠了，因此只會簡單帶像是一塊鹹鮭魚，或是紫蘇捲、福神漬之類。早上帶著便當時裡頭裝得滿滿，等到傍晚回家時，搭上電梯，包巾裡有時會傳來空便當喀啦喀啦的聲響。

PAROLE 櫻井莞子的便當基本菜色

「做便當是每天的事，
千萬不能想要使勁硬拚。」
櫻井莞子做給女兒、兒子吃的便當，
充滿了她身為母親，
以及身為專業廚師的巧思。

文——伊藤正子
攝影——日置武晴

忙著帶小孩的女兒海音子，白天會到店裡來幫忙備料。

「我覺得妳會喜歡這種口味。」應高橋良枝之邀，幾個月前我們來到這間餐廳。從此之後，就深深愛上「PAROLE小吃店」莞子老闆娘的料理。

正如同「小吃店」之名，菜單上的都是可樂餅、炒蔬菜絲、馬鈴薯沙拉這些平常熟悉的菜色，卻是一般外行人學不來的細緻口味。

莞子老闆娘過去曾為了兩個孩子做便當。當年她還得工作，在時間調度上很辛苦，但豪邁的莞子老闆娘，即使在宿醉的早晨依舊能輕鬆克服。

PAROLE的料理中令人印象深刻的，是煎蛋捲跟炒蔬菜絲。原因是食材的組合非常罕見新鮮。明明都是熟悉的菜色，但經過莞子老闆娘的巧手每次都會讓人驚喜連連！這次我們就請她傳授這兩道菜，相信明天起在大家做便當時都能派上用場。

PAROLE 小吃店　☎03-6434-5959

「我媽做的便當都是褐色系，看著其他同學走可愛風的便當，讓我很羨慕。」海音子說。
但她也說，現在回想起來，那是非常美味的便當，感謝媽媽。

便當的經典菜色

3種煎蛋捲

「對準備便當的人來說，
煎蛋捲簡直就像珠寶盒一樣。
因為裡頭可以加入的
是各種各樣的口味呀！」
這次傳授的口味，
是小魚乾、明太子跟乾蘿蔔絲！
一共有三種。

乾蘿蔔絲配長蔥

蛋 … 3顆
乾蘿蔔絲 … 20g
長蔥 … 1/3根
A ┌ 高湯 … 2大匙
　│ 白高湯 … 1/2小匙
　└ 鹽 … 少許
沙拉油 … 適量

① 乾蘿蔔絲清洗乾淨，放進調理盆裡泡水10分鐘。擰乾水分。長蔥切成蔥花。
② 蛋打入調理盆中，加入A後拌勻。
③ 平底鍋倒入沙拉油熱鍋，將乾蘿蔔絲炒香，再加入蔥花拌炒。倒入1/3的②，一邊調節火候，讓蛋液布滿鍋面。調整成中火，將蛋皮從遠側捲向靠自己的一側。
④ 把③推到另一頭，繼續倒入1/3的③，讓蛋液流到先前煎好的蛋皮下方，重複同樣的步驟。接著倒入最後剩下的蛋液，用相同的方式煎。

明太子配淺蔥

蛋 … 3顆
明太子 … 1條
淺蔥 … 2、3根
A ┌ 高湯 … 2大匙
　└ 白高湯 … 略少於1/2小匙
沙拉油 … 適量

① 明太子煎過之後剝碎。
② 淺蔥切成蔥花。
③ 蛋打入調理盆中，加入A後拌勻，再加入①和②拌勻。
④ 平底鍋倒入沙拉油熱鍋，先倒入1/3的③，一邊調節火候，讓蛋液布滿鍋面。然後將蛋皮從遠側捲向靠自己的一側。煎熟後推到另一頭。
⑤ 在④中繼續倒入1/3的③，讓蛋液流到先前煎好的蛋皮下方，重複同樣的步驟。接著倒入最後剩下的蛋液，用相同的方式煎。
＊ 明太子已經含鹽分，因此不需加鹽。

橄欖薯泥

蛋 … 3顆
小魚乾 … 20g
薑 … 1片
A ┌ 高湯 … 2大匙
　│ 白高湯 … 1/2小匙
　└ 鹽 … 少許
沙拉油 … 適量

① 薑削皮後切成細絲。
② 蛋打入調理盆中，加入A後拌勻。
③ 平底鍋倒入沙拉油熱鍋，加入①爆香後再加入小魚乾拌炒。先倒入1/3的②，一邊調節火候，讓蛋液布滿鍋面。然後將蛋皮從遠側捲向靠自己的一側。煎熟後推到另一頭。
④ 在③中繼續倒入1/3的②，讓蛋液流到先前煎好的蛋皮下方，重複同樣的步驟。接著倒入最後剩下的蛋液，用相同的方式煎。

不僅口味，就連口感跟外觀都各有不同。這些都是剛起鍋的煎蛋捲。

3種炒蔬菜絲

「切得細細的就是工夫」，
這就是蔬菜絲的精髓。
原來如此。
美味的祕密，
就是這個關鍵。
我女兒也非常喜愛，
莞子老闆娘做的炒蔬菜絲。
把菜刀磨利，
一大早俐落切著蔬菜……。
莞子老闆娘親自傳授的炒蔬菜絲，
女兒看到一定會很開心。

芹菜黑蒟蒻

芹菜 … $1/2$ 根
黑蒟蒻 … $1/2$ 塊
辣椒 … 少許
白麻油 … 2 小匙
酒 … 1 大匙
白高湯 … 1 大匙
芝麻 … 少許

① 芹菜切成 4 公分左右的長段。
② 黑蒟蒻搓鹽（食譜標示份量之外）後汆燙，切成長條。
③ 辣椒盡量切碎。
④ 平底鍋裡倒入白麻油熱鍋，炒香 ③ 之後，加入 ② 拌炒。以中弱火慢炒。
⑤ 加入 ① 拌炒後再淋入酒，用白高湯調整口味，最後撒上芝麻。

蓮藕

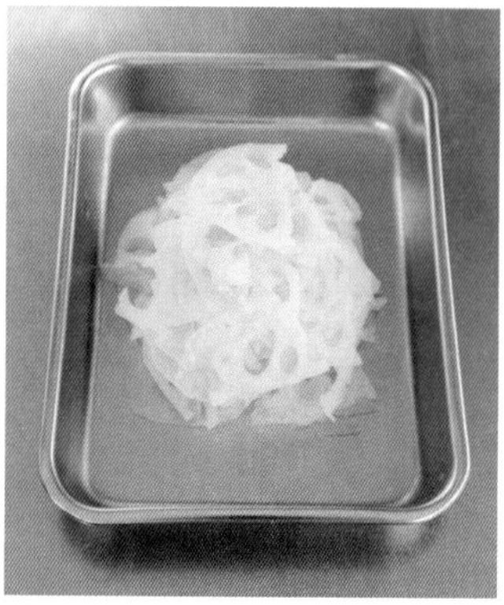

蓮藕 … 300g
醋 … 少許
辣椒 … 少許
白麻油 … 2 小匙
酒 … 1 大匙
A ┌ 砂糖 … 1 大匙
　 └ 白高湯 … 1 又 $1/2$ 小匙

依照炒牛蒡紅蘿蔔的③、④、⑤，用相同步驟製作。

牛蒡紅蘿蔔

牛蒡 … 1 根
紅蘿蔔 … $1/3$ 根
辣椒 … 少許
白麻油 … 2 小匙
酒 … 1 大匙
A ┌ 砂糖 … 1 大匙
　 └ 白高湯 … 1 又 $1/2$ 小匙

① 牛蒡切成 4～5 公分的長段，再切成類似火柴棒的細絲，泡水之後將水分瀝乾。
② 紅蘿蔔也跟 ① 一樣切成細絲。
③ 辣椒盡量切碎。
④ 平底鍋裡倒入白麻油熱鍋，辣椒下鍋炒香。
⑤ 將 ① 加入 ④ 中拌炒到變色，再加入 ② 拌炒。淋入酒，加入 A 迅速拌炒。
＊為了保持爽脆口感，記得不要炒過頭。

看起來也令人食慾大開的三種炒蔬菜絲。帶便當時又多了一項法寶，真開心。

34號的生活隨筆㉔

簡單不簡單的保存食

圖．文—34號

印象中，多數現代人提到醃漬發酵類保存食似乎印象都不好，總是會有添加防腐劑的疑慮，或是在菜市場、商店裡販賣一缸缸醃漬物，看起來既沒有妥善保護、又或飄出不好聞的味道、還可能浸泡在烏黑黑的液體裡，讓人雖嘴饞卻又望之卻步。這原本是古早祖先依著風土季節流傳下的智慧，以醃漬或發酵的方式將當季盛產食物予以保存，進而轉化出迷人風味，可惜卻因為商業利益，為減少成本而縮短製作時間、用了速成方式製作，又因為採取使用添加物等的速成方式，以致於不利於保存，便需要增添人工防腐或保鮮劑。

這些傳承自古早的保存食，除了需要時間醞釀，另一個非常重要的關鍵是菌。最純粹無添加的保存食在製作時需要環境中的常駐菌，而在發酵過程則會產生對人體有益的乳酸菌。而這些菌，除了是促成保存食美味的好幫手，也為人體所需，特別是在抗生素濫用的近代。然而卻因為商業販售大量製造，在製作完成後，為達品質控管，便會經過殺菌過程，非常可惜。

為了找回過去保存食最單純的風味，這幾年我依著季節學習製作，除了是貪嘴好吃，也希望運用有機或無毒的食材、以正確的製作方法，保留益菌為身體帶來健康。而就在製作過程中，有一天突然領悟到做了這麼多不同的保存食，竟然有非常大的共通處，忍不住想和大家分享。

其實學問很大一點都不簡單的保存食，卻只需要非常簡單的元素：食材、時間、與鹽。以日曬保存食為例：蘿蔔乾、菜脯米、高麗菜乾、花菜乾、長豆乾、越瓜脯……等，皆是在製作前先揉鹽去菁，揉以鹽之後壓出水分靜置微發酵數天，再經不同天數的日曬，便能予以保存。簡單如雪裡紅，僅須蘿蔔葉、小芥菜或小松菜，灑以鹽搓揉後，靜置冰箱三兩天微發酵，成品帶著發酵清香，沒有任何名字很長的化學添加物。而在不了解前以為很難製作的酸白菜、酸菜（大芥菜）、與酸高麗菜，也是先經風吹萎凋、或滾水汆燙、接著揉鹽、重物壓水以及不同時間長短的發酵，如此而已。難度高一點如自製味噌，其實也只有黃豆、米麴與鹽，以及長時間的發酵醞釀。適當份量的鹽便能保存、適切時間的發酵產生益菌，其他的添加物都只是為了減省成本卻扼殺健康。所以若可以，也開始動手製作單純的風味保存食吧！

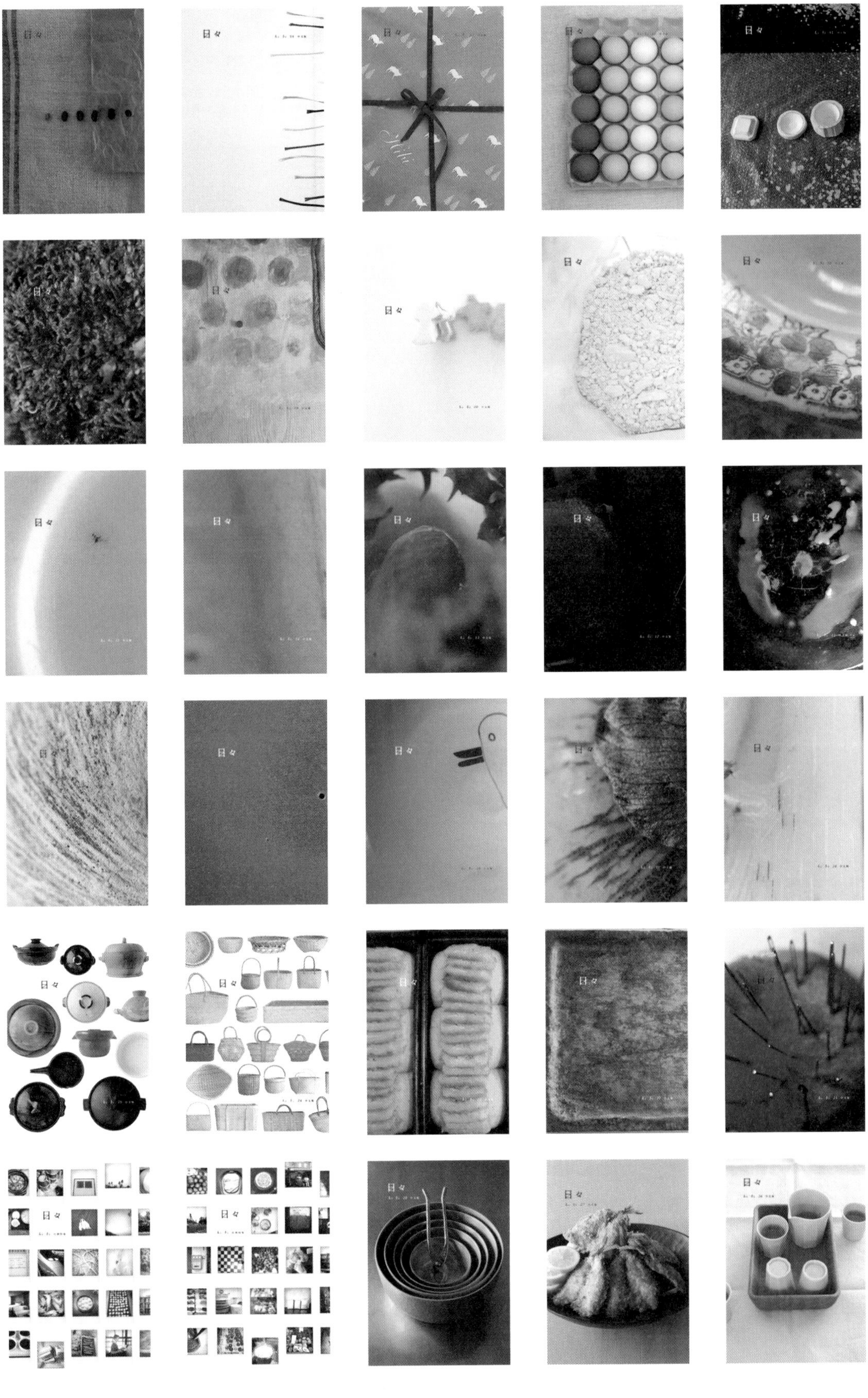
日々

豆皮香鬆三色便當

foodmood點心舖店主中島志保
首度來台於小器生活料理教室開設課程！
帶著中文版料理食譜《吃飯囉》、《吃點心囉》，
跟大家分享她最喜歡的料理與點心。
日日也特地挑選了一道好吃又易做的便當菜式
與大家分享！

文——中島志保
譯——葉韋利

■材料（2人份）

豆皮香鬆
- 油豆皮……2片
- 醬油……1大匙多一點
- 二號砂糖……1大匙
- 酒……1大匙
- 薑汁……1小匙

白飯……依人數而定

炒蛋涼拌蘿蔔葉
- 蛋……2顆
- 二號砂糖……1小匙
- 鹽……2撮

涼拌蘿蔔葉
- 蘿蔔葉（蕪菁葉亦可）……10公分左右
- 柴魚片……2撮
- 醬油……少許

■準備
- ・油豆皮盡量切細（用食物處理機很方便）。
- ・準備好薑泥榨汁。
- ・用手將柴魚片撕碎。

■作法

①炒豆皮香鬆。
鍋子裡加入醬油、砂糖、酒、切碎的油豆皮，用中火慢炒2～3分鐘。炒到乾鬆，酒精完全揮發即可。最後淋上薑汁，輕輕地拌勻後關火。

②炒蛋。
調理盆裡加入蛋、砂糖、鹽後充分攪拌。蛋液倒入平底鍋中以小火加熱，用4根筷子持續攪拌，炒鬆之後關火。

③蘿蔔葉洗淨，放入加了少許鹽（份量外）的熱水中汆燙。切碎後擰乾水分，撒上柴魚片，淋少許醬油拌勻。把白飯盛入容器，再鋪上以上材料。

＊圖文提供：合作社出版

日常生活中一再回味的經典料理與點心

《吃飯囉》

下廚總是好麻煩？
料理食譜大賞常勝軍不藏私大公開

《吃點心囉》

一句「吃點心囉！」
就能讓人頓時放輕鬆！

15分鐘一菜搞定一餐！正餐之間的舒心食物

中島志保
なかしましほ

「料理食譜大賞 in Japan」點心組首獎得主
foodmood點心舖店主

háp-chok-sià

2017年11月上市

日々・日文版 no.36

編輯・發行人——高橋良枝
設計——渡部浩美
發行所——株式會社 Atelier Vie
http://www.iihibi.com/
E-mail:info@iihibi.com
發行日——no.36:2015年4月10日

日日・中文版 no.29

主編——王筱玲
大藝出版主編——賴譽夫
設計・排版——黃淑華
發行人——江明玉
發行所——大鴻藝術股份有限公司|大藝出版事業部
台北市103大同區鄭州路87號11樓之2
電話:(02)2559-0510　傳真:(02)2559-0508
E-mail:service@abigart.com
總經銷:高寶書版集團
台北市114內湖區洲子街88號3F
電話:(02)2799-2788　傳真:(02)2799-0909
印刷:韋懋實業有限公司

發行日——2017年12月初版一刷
ISBN 978-986-94078-8-5

日日 / 日日編輯部編著. -- 初版. -- 臺北市 :
大鴻藝術, 2017.12　52面 ; 19×26公分
ISBN 978-986-94078-8-5(第29冊:平裝)
1.商品 2.臺灣 3.日本
496.1　106001697

大藝出版Facebook粉絲頁
http://www.facebook.com/abigartpress
日日Facebook粉絲頁
https://www.facebook.com/hibi2012

日文版後記

《日日》是一本僅48頁的小巧雜誌，但在這本薄薄的雜誌裡，充滿了「樂趣」、「美味」而且讀完之後能令人感到有股舒緩身心的「溫馨」……，我是抱著這種心情來編輯。
本期，全靠各方人士共同努力才得以完成。在此表達衷心感謝。
此外，也要非常謝謝伴我一起走完全程的高橋良枝。

（伊藤正子）

這次承蒙多位人士鼎力相助。星老師喜歡的「飯糰便當」，我們在預定拍攝的前一天，才知道東京買不到。於是，我們抱著渺茫的希望聯絡製造販賣的「菊太屋米穀店」。不久之後，就得到答覆，「敝公司的員工明天要到東京出差，如果方便走一趟過來拿，可以讓他帶過去嗎？」另外，紅蜻蜓的三明治則是社長親自送到東京車站。岡戶總編也是，跑到田園調布買了她喜歡的便當，送到拍攝地點，也就是伊藤正子的工作室。
伊藤正子說：「感受到大家這麼溫暖的心意，真的好感動！」真的很謝謝各位對我們的幫助！這次的便當特輯充滿了溫馨與誠意。（高橋）

《日日》在2015年6月創刊十週年。
十年前根本想像不到，我們可以持續這麼久。
長期以來支持的各位讀者，謝謝你們！

中文版後記

原本應該在6月出版的no.29中文版《日日》，因為年初日文版總編輯高橋良枝的過世而延宕至今。同時，我們也才得知，在2015年出版完這一期之後，《日日》就呈現停刊的狀態了。隨著高橋總編輯的過世，創刊十年的日文版《日日》也畫下了句點。
中文版《日日》自2012年7月創刊至今五年，當年完全沒有預料到整個出版環境的迅速委靡，這本提倡美好生活的雜誌使我們陷入苦撐的困境。
儘管《日日》停刊，但生活仍將繼續。就像這些十多年前在高橋總編輯率領下所企劃出來的內容，至今看來仍是那麼動人且令我們受用無窮。如果這29冊中文版《日日》能成為大家生活中的滋養，為大家帶來一些參考，我想日文版與中文版的製作團隊都會因為參與過《日日》而感到無比驕傲與欣慰。
在此謹代表中文版製作團隊感謝專欄作者34號，以及所有讀者的支持。（王筱玲）

www.iihibi.com

ISBN 978-986-94078-8-5
NT.120